新雅

幼稚園常識及綜合科學練習

及

高班 上

U0062817

新雅文化事業有限公司
www.sunya.com.hk

編旨

《新雅幼稚園常識及綜合科學練習》是根據幼稚園教育課程指引編寫，旨在提升幼兒在不同範疇上的認知，拓闊他們在常識和科學上的知識面，有助銜接小學人文科及科學科課程。

★ 本書主要特點：

・內容由淺入深，以螺旋式編排

本系列主要圍繞幼稚園「個人與羣體」、「大自然與生活」和「體能與健康」三大範疇，設有七大學習主題，主題從個人出發，伸展至家庭與學校，以至社區和國家，循序漸進的由內向外學習。七大學習主題會在各級出現，以螺旋式組織編排，內容和程度會按照幼兒的年級層層遞進，由淺入深。

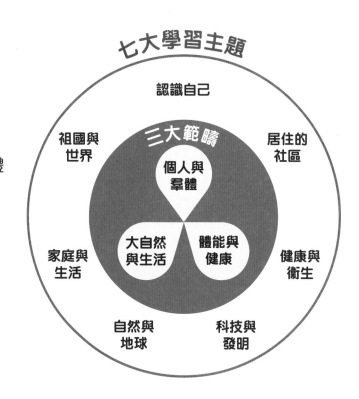

七大學習主題

認識自己
祖國與世界
居住的社區
三大範疇
個人與羣體
大自然與生活
體能與健康
家庭與生活
健康與衛生
自然與地球
科技與發明

・明確的學習目標

每個練習均有明確的學習目標，使教師和家長能對幼兒作出適當的引導。

・課題緊扣課程框架，幫助銜接小學人文科

每冊練習的大部分主題均與人文科六個學習範疇互相呼應，除了鼓勵孩子從小建立健康的生活習慣，促進他們人際關係的發展，還引導他們思考自己於家庭和社會所擔當的角色及應履行的責任，從而加強他們對社會及國家的關注和歸屬感。

‧設親子實驗，從實際操作中學習，幫助銜接小學科學科

配合小學 STEAM 課程，本系列每冊均設有親子實驗室，讓孩子在家也能輕鬆做實驗。孩子「從做中學」（Learning by Doing），不但令他們更容易理解抽象的科學原理，還能加深他們學新知識的記憶，並提升他們學習的興趣。

‧配合價值觀教育

部分主題會附有「品德小錦囊」，配合教育局提倡的十個首要培育的價值觀和態度，讓孩子一邊學習生活、科學上的基礎認知，一邊為培養他們的良好品格奠定基礎。

品德小錦囊
當生活遇上轉變時，我們要有堅毅的心，勇敢地接受新挑戰。

‧內含趣味貼紙練習

每冊都包含了需運用貼紙完成的趣味練習，除了能提升孩子的學習興趣，還能訓練孩子的手部小肌肉，促進手眼協調。

K1-K3 學習主題

學習主題＼年級		K1	K2	K3
認識自己	我的身體	1. 我的臉蛋 2. 神奇的五官 3. 活力充沛的身體	1. 靈敏的舌頭 2. 看不見的器官	1. 支撐身體的骨骼 2. 堅硬的牙齒 3. 男孩和女孩
	我的情緒	4. 多變的表情	3. 趕走壞心情	4. 適應新生活 5. 自在樂悠悠
健康與衛生	個人衛生	5. 儀容整潔好孩子 6. 洗洗手，細菌走	4. 家中好幫手	6. 我愛乾淨
	健康飲食	7. 走進食物王國 8. 有營早餐	5. 一日三餐 6. 吃飯的禮儀	7. 我會均衡飲食
	日常保健	－	7. 運動大步走 8. 安全運動無難度	8. 休息的重要

學習主題＼年級		K1	K2	K3
家庭與生活	家庭生活	9. 我愛我的家 10. 我會照顧家人 11. 年幼的弟妹 12. 我的玩具箱	9. 我的家族 10. 舒適的家	9. 爸爸媽媽，請聽我說 10. 做個盡責小主人 11. 我在家中不搗蛋
	學校生活	13. 我會收拾書包 14. 來上學去	11. 校園的一角 12. 我的文具盒	12. 我會照顧自己 13. 不同的校園生活
	出行體驗	15. 到公園去 16. 公園規則要遵守 17. 四通八達的交通	13. 多姿多彩的暑假 14. 獨特的交通工具	14. 去逛商場 15. 乘車禮儀齊遵守 16. 讓座人人讚
	危機意識	18. 保護自己 19. 大灰狼真討厭！	15. 路上零意外	17. 欺凌零容忍 18. 我會應對危險
自然與地球	天象與季節	20. 天上有什麼？ 21. 變幻的天氣 22. 交替的四季 23. 百變衣櫥	16. 天氣不似預期 17. 夏天與冬天 18. 初探宇宙	19. 我會看天氣報告 20. 香港的四季

學習主題＼年級		K1	K2	K3
自然與地球	動物與植物	24. 可愛的動物 25. 動物們的家 26. 到農場去 27. 我愛大自然	19. 動物大觀園 20. 昆蟲的世界 21. 生態遊蹤 22. 植物放大鏡 23. 美麗的花朵	21. 孕育小生命 22. 種子發芽了 23. 香港生態之旅
	認識地球	28. 珍惜食物 29. 我不浪費	24. 百變的樹木 25. 金屬世界 26. 磁鐵的力量 27. 鮮豔的回收箱 28. 綠在區區	24. 瞬間看地球 25. 浩瀚的宇宙 26. 地球，謝謝你！ 27. 地球生病了
科技與發明	便利的生活	30. 看得見的電力 31. 船兒出航 32. 金錢有何用？	29. 耐用的塑膠 30. 安全乘搭升降機 31. 輪子的轉動	28. 垃圾到哪兒？ 29. 飛行的故事 30. 光與影 31. 中國四大發明 （造紙和印刷） 32. 中國四大發明 （火藥和指南針）
	資訊傳播媒介	33. 資訊哪裏尋？	32. 騙子來電 33. 我會善用科技	33. 拒絕電子奶嘴
居住的社區	社區中的人和物	34. 小社區大發現 35. 我會求助 36. 生病記 37. 勇敢的消防員	34. 社區設施知多少 35. 我會看地圖 36. 郵差叔叔去送信 37. 穿制服的人們	34. 社區零障礙 35. 我的志願

學習主題＼年級		K1	K2	K3
居住的社區	認識香港	38. 香港的美食 39. 假日好去處	38. 香港的節日 39. 參觀博物館	36. 三大地域 37. 本地一日遊 38. 香港的名山
	公民的責任	40. 整潔的街道	40. 多元的社會	—
祖國與世界	傳統節日和文化	41. 新年到了！ 42. 中秋慶團圓 43. 傳統美德（孝）	41. 端午節划龍舟 42. 祭拜祖先顯孝心 43. 傳統美德（禮）	39. 傳統美德（誠） 40. 傳統文化有意思
	我國地理面貌和名勝	44. 遨遊北京	44. 暢遊中國名勝	41. 磅礡的大河 42. 神舟飛船真厲害
	建立身份認同	—	45. 親愛的祖國	43. 國與家，心連心
	認識世界	45. 聖誕老人來我家 46. 色彩繽紛的國旗	46. 環遊世界	44. 整裝待發出遊去 45. 世界不細小 46. 出國旅遊要守禮

目錄

支撐身體的骨骼

骨骼不同部分叫作什麼？請把代表答案的字母填在相應的格子內。

A. 四肢骨　　　B. 肋骨　　　C. 脊椎　　　D. 頭骨

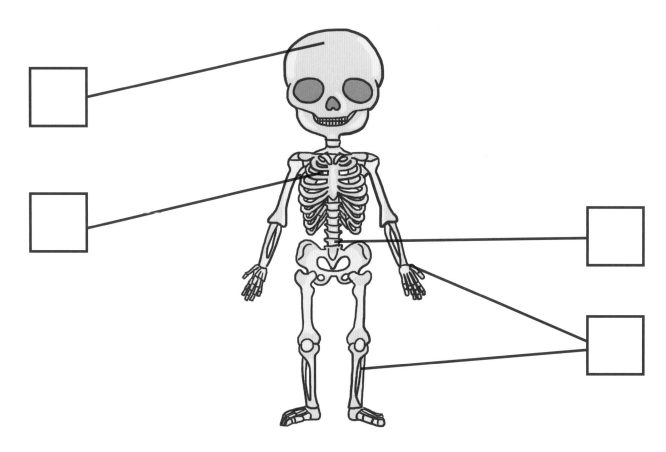

人類的骨頭有什麼作用？請分辨出這些作用，並在 □ 內加 ✓。

保持平衡

支撐身體，
讓身體移動

保護體內的器官

總結 ✏️

　　骨骼保護身體裏的器官，還會和肌肉合作，讓我們自由地移動。我們在日常生活中要保持良好姿勢，多做運動，還要進食含有豐富鈣質的食物，才能幫助骨骼健康生長。

圖中哪些人的行為能幫助骨骼生長？請用紅筆圈起來（提示：共 4 處）；哪些人的行為會損害骨骼健康？請用藍筆圈起來（提示：共 2 處）。

堅硬的牙齒

你知道換牙期是什麼嗎？請數一數，我們在不同時期會有幾顆牙齒？

嬰兒在約六至十個月大時，便開始長出乳齒。大約三歲時，我們的乳齒便會長齊了。這時候，我們共有（　　）隻乳齒。

在六歲時，我們會踏入換牙期。乳齒會有序地脫落，繼承的恆齒就會在空位上逐一長出。換牙期結束後，我們會長有（　　）隻恆齒。

總結 ✏️

　　嬰兒由六個月大開始，便會陸續長出乳齒。到了約六歲，乳齒會變得鬆動，並逐漸脫落，然後再長出恆齒。我們要保護牙齒，記得每天早晚刷牙，還要做定期檢查牙齒。

怎樣可以保護牙齒？對牙齒好的行為，請把 👍 貼紙貼上；對牙齒不好的行為，請把 👎 貼紙貼上。

用心刷牙

用牙齒咬硬物

吸吮手指

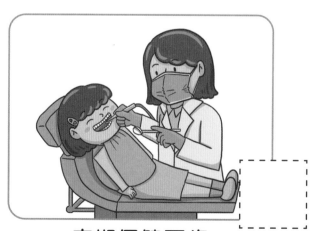

定期保健牙齒

練習 3
男孩和女孩

學習重點

· 了解男女身體私人部位的不同
· 學會保護自己的身體

男孩和女孩的身體有什麼不同？請圈一圈。

總結 ✏️

男孩和女孩的身體特徵不太相同。無論性別是什麼，別人都不可以隨意觀看或觸摸自己的身體。如果有人做出令你覺得不舒服的行為，記得勇敢拒絕，並向信任的人求助！

我們要怎麼保護自己的身體？請分辨出保護自己身體的方法，並在▢內加✓。

如廁或換衣服時
不關門　▢

不讓陌生人觸摸
自己的身體　▢

遇上不友善的接觸，
告訴可信任的成人　▢

拒絕跟異性
做朋友　▢

品德小錦囊

男孩和女孩的身體構造不同，我們要**尊重他人**，不可以隨便觸碰別人的身體。

17

適應新生活

當面對環境轉變的時候，小朋友會有什麼感受？請把適當的字詞貼紙貼在 ⬚ 內。

我從來沒上過電腦課呢！
我感到很 ⬚ 。

從前認識的朋友都到不同的學校去了。
我感到很 ⬚ 。

新同學邀請我一起玩遊戲。
我感到很 ⬚ 。

老師要我們在課堂上作自我介紹！
我感到很 ⬚ 。

總結 ✏️

　　面對環境的轉變，我們會有許多不同情緒，例如緊張、害怕，也可能覺得期待、興奮。當有負面情緒時，我們可以嘗試做一些讓自己放鬆的事情，這讓我們有更好狀態去迎接新挑戰！

當負面情緒出現時，我們可以怎樣調整心情？請分辨出抒發情緒的正確方法，並在☐內加✓。

深呼吸 ☐

大吃大喝 ☐

通宵玩遊戲機 ☐

聽輕鬆的音樂 ☐

向父母傾訴 ☐

做運動減壓 ☐

自在樂悠悠

同學遇到以下的情況時，我們可以怎樣做來安撫他們的情緒？
請選出正確的對話，並在 □ 內加 ✓。

品德小錦囊

當同學遇上困難，我們要發揮**同理心**，必要時向對方伸出援手。

總結 ✏️

　　朋友們有時候也會有負面情緒，我們可以多關心他們，並嘗試伸出援手。不過，我們要學會分辨他人的要求是否合理，如果遇到不合理的要求一定要勇敢拒絕！

你會答應朋友提出的哪些請求？應該答應的，請把 ✓ 貼在方格裏；不應該答應的，請把 ✗ 貼在方格裏。

請你幫忙說謊

請你幫忙搬東西

請你一起捉弄其他同學

請你出席生日會

我愛乾淨

我們要保持哪些良好的衛生習慣？請選出培養良好衛生習慣的道路，並走出迷宮。

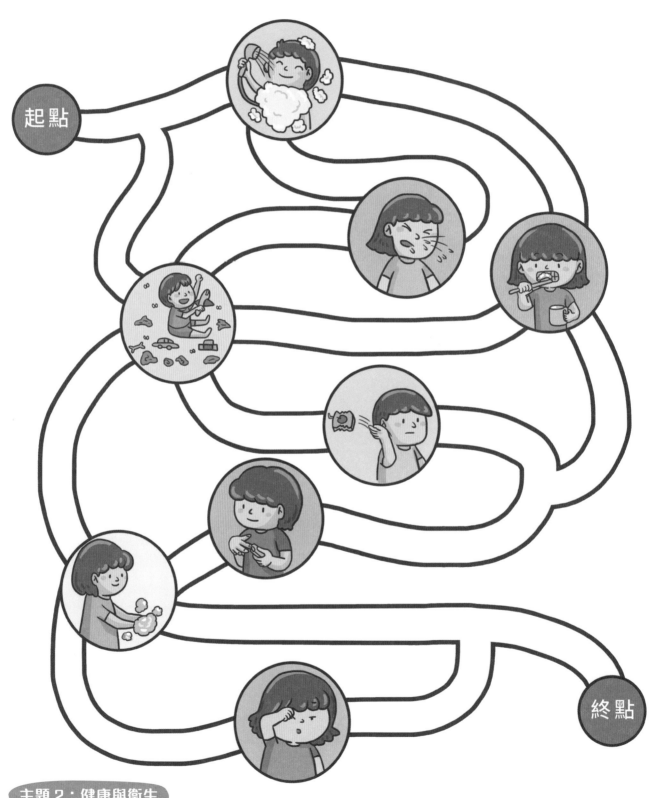

總結

保持環境及個人清潔有助防止疾病傳播，保持儀容整潔也有助我們在別人心目中留下良好印象。所以，我們要保持良好的衛生習慣，包括早晚刷牙、每天洗澡、經常換洗衣物等。

如果不愛清潔，會導致什麼後果？請連一連。

肚子痛

蛀牙

產生異味

我會均衡飲食

飲食金字塔上的每一層有哪種食物？請把代表答案的字母填在相應的格子內。

A. 油、鹽、糖類　　　　　B. 水果、蔬菜類

C. 奶類、肉類　　　　　　D. 穀物類

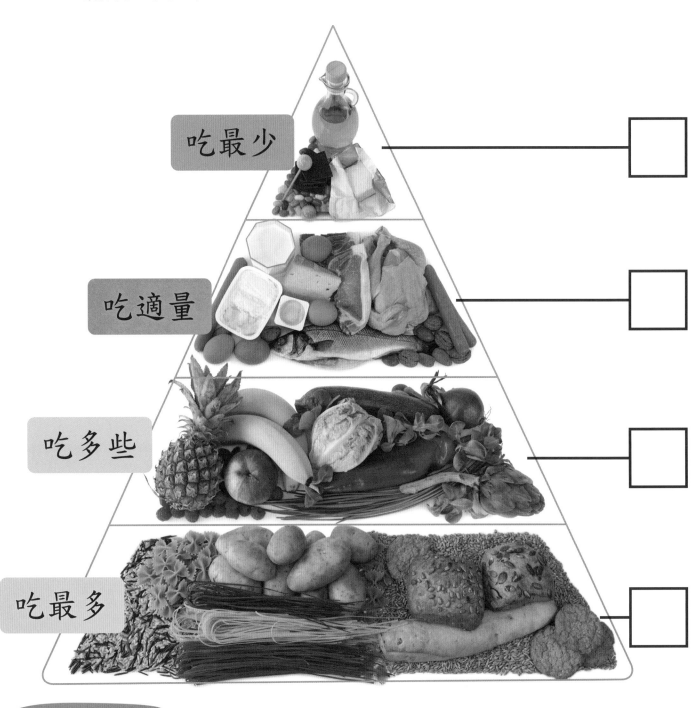

吃最少

吃適量

吃多些

吃最多

總結

　　我們要飲食均衡，每天進食適量穀物、蔬果、蛋類、奶製品等不同種類的食物，並飲用足夠的水，才能吸收足夠的營養，維持身體健康。油、鹽、糖類的食物對身體不太好，記得要少吃。

這些食物屬於哪種類別？請把食物貼紙貼在適當的框內。

穀物類	奶類、肉類

水果、蔬菜類	油、鹽、糖類

休息的重要

以下哪些物品能讓我們睡得好？請把它圈出來。

牀墊

枕頭

被子

熱牛奶

玩具

手機

總結 ✏️

　　睡眠有助我們保持身心健康，我們應建立良好睡眠習慣。睡覺前，我們要避免使用電子屏幕產品。睡房環境要保持昏暗寧靜，讓空氣流通，那就能讓我們好好休息，在第二天有足夠體力和精神活動。

怎樣才是良好的睡眠習慣？請分辨出良好的睡眠習慣，並在 □ 內加 ✓。

保持規律的睡眠，
每天早睡早起 □

睡覺前使用手機
等電子設備 □

睡前吃得很飽，
避免餓醒 □

睡覺時關燈，
保持睡房昏暗寧靜 □

爸爸媽媽，請聽我說

我們應該怎樣和家人相處和溝通，維持良好關係呢？好的溝通行為，請把 👍 貼紙貼上；不好的溝通行為，請把 👎 貼紙貼上。

了解家人的喜好

主動跟家人
傾訴心事

不理會家人
的指示

默默忍受家人
無理的責備

寫信或心意卡

亂丟東西發洩情緒

總結 ✏️

　　家庭給我們各方面的支援，對我們十分重要。有時候，家人之間會發生爭執，我們要學會如何面對這些衝突，並以適當的方式表達自己的想法和感受。我們也要主動關心和幫助家人，表達對家人的愛。

家人給我們提供了哪些方面的支援或陪伴？請把代表答案的字母填在方格內。

A. 金錢　　　B. 教育

C. 心靈　　　D. 保護

做個盡責小主人

下圖是什麼寵物？請細閱描述，把圓點由 1 至 20 連起來，然後判斷圖中的是哪種動物，並把適當的字詞貼紙貼在 [____] 內。

牠有圓圓的大眼睛，最喜歡喵喵叫。

牠是 [____]。

牠有長長的耳朵，最愛吃乾草和新鮮蔬菜。

牠是 [____]。

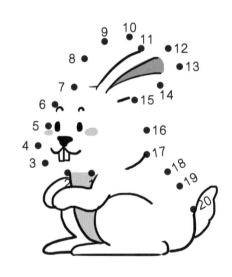

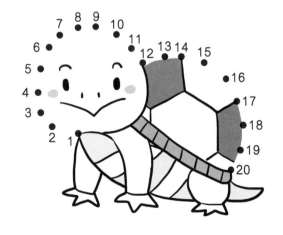

牠有堅硬的外殼，害怕時會把頭和四肢縮進殼裏。

牠是 [____]。

總結

　　飼養寵物前，要先仔細考慮自己的居所是否適合飼養、家人是否同意飼養、能否承擔飼養寵物需要的金錢等。寵物和我們一樣擁有生命，我們該好好尊重，不應把牠們當作玩具或隨意棄養。

怎樣才是飼養寵物的正確態度和做法？請分辨出正確的答案，並在在□內加√。

把寵物視為玩具 □

寵物不適時向獸醫求診 □

隨意遺棄寵物 □

定期打理寵物 □

按時餵飼寵物 □

提供擠迫的居住環境 □

我在家中不搗蛋

學習重點

· 提升居家安全意識
· 認識燙傷的緊急處理

圖中哪些地方可能會發生危險？請仔細觀察下圖，並把容易發生危險的地方圈起來（提示：共 4 處）。

總結

　　日常生活中，我們要多注意家居安全，例如不要用沾濕的手使用電器、不要攀爬窗戶等，以免發生意外。萬一受傷了，我們可以嘗試做緊急處理。但如果傷勢嚴重，便要前往醫院求診了。

如果不小心燙傷了，傷口應該如何進行緊急處理？請按處理傷口的步驟把以下圖片順序排列。

☐ 泡：把燙處浸泡在冷水中，可減輕疼痛。

☐ 脫：把燙處的衣物小心脫掉。

☐ 蓋：把乾淨的棉布用煮沸過的冷開水沾濕，覆蓋受傷部位。

1 沖：用清水沖洗傷口15 至 30 分鐘。

我會照顧自己

小朋友，你長大了！以下哪些行為是我們應該自己完成的？請分辨出這些行為，並在 □ 內加 ✓。

進食

穿衣服

出門買東西

明火煮食

收拾書包

做功課

總結

　　學會照顧自己，才能好好應付將來的新生活。我們要努力嘗試「自己的事自己做」，盡量不依賴爸爸媽媽幫忙。我們也可以訂立一些具體的目標，盡力實踐，這樣就能讓自己進步。

對於成長中的自己，你有什麼目標和盼望？請把目標和盼望寫下來或畫出來。

我的目標

1 _____

2 _____

3 _____

4 _____

5 _____

6 _____

 練習 **13**

不同的校園生活

學習重點

· 認識如何看小學上課時間表
· 初步認識幼稚園與小學的不同之處

思朗在看小學上課時間表，你可以幫助他嗎？請按下列上課時間表，圈出正確的答案。

時間	星期一	星期二	星期三	星期四	星期五
8:05 - 08:30	早會				
8:30 - 9:10	中文	數學	中文	數學	英文
9:10 – 9:50	中文	數學	中文	數學	英文
9:50 - 10:10	小息				
10:10 - 10:50	英文	常識	英文	中文	中文
10:50 - 11:20	英文	常識	英文	中文	中文
11:20 – 12:00	音樂	音樂	電腦	常識	常識
12:00 – 13:30	午膳及午休				
13:30 – 14:10	數學	普通話	常識	體育	常識
14:10 – 14:50	數學	普通話	圖書	體育	視覺藝術
14:50 - 15:20	德育	德育	圖書	普通話	視覺藝術
15:20	放學				

* 小學常識科於 2025 / 2026 學年分拆成「人文科」和「科學科」。

在星期一，我需要帶中文 / 常識 課本。

星期二 / 星期四 要穿體育服上學。

午膳由中午十二時 / 下午一時 開始。

我最喜歡星期三 / 星期五，因為那天我

可以自由地看喜愛的圖書！

總結

幼稚園和小學的校園生活有許多不同相的地方，例如不同的校舍、科目等。面對新生活，我們要相信自己有能力適應，有需要時向爸爸媽媽和老師求助。

以下是幼稚園還是小學的上學情景？請分辨以下的情景。請把代表答案的字母填在相應的格子內。

A. 幼稚園　　　　B. 小學

自己寫家課冊

在自己的座位吃飯

老師分派茶點

自己按上課時間表
收拾課本

去逛商場

以下的商店可以購買哪些貨品嗎？請把代表答案的字母填在相應的格子內。

A. 蘋果　　　　B. 消毒藥水　　　　C. 運動鞋

D. 襯衣　　　　E. 圖畫書　　　　F. 方包

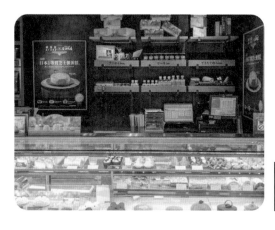

總結

　　商場裏有不同的商店，提供不同種類的貨品給我們選購。逛商場時，我們要保持禮儀，不要奔跑或吵鬧，也不要隨意翻弄甚至損毀商店裏的貨品，記得要做個尊重別人的好孩子。

圖中哪些人逛商場的行為不恰當？請把他們圈起來。
（提示：共3處）

乘車禮儀齊遵守

交通工具上不同的標誌代表什麼意思？請把正確的答案圈起來。

緊握扶手 / 下車請按鐘

前往隧道 / 由此落車

不准飲食 / 只准堂食

請慢走 / 請小心月台空隙

不准點火 / 不准吸煙

小心地滑 / 不准踢車門

總結 ✏️

　　乘坐公共交通工具時，我們要遵守規則。在路途上，我們也要顧及其他乘客，例如在車廂內保持安靜，不要騷擾他人，也不應用隨身物品佔用座位。

當我們乘搭交通工具時，以下哪些行為是正確的，哪些是不正確的？正確的，請把 👍 貼紙貼上；不正確的，請把 👎 貼紙貼上。

站在車門附近，方便下車

扣上安全帶

用行李佔據其他座位

用耳機聽音樂、觀看影片

讓座人人讚

優先座的圖案代表了哪些有需要的人？請連一連。

長者

孕婦

手抱嬰孩人士

殘疾人士

品德小錦囊

社會上有些行動不便者，需要我們的關愛，
在公共汽車上，我們可以讓座給他們。

總結

不少交通工具都設有關愛座或優先座，讓有需要人士優先使用。關愛座通常位於車門附近，方便有需要人士上下車。我們可以主動向有需要的人讓座，這樣大家便可以安全地乘車了。

香港哪些交通工具設有關愛座或優先座？請分辨出正確的答案，並在 □ 內加 ✓。

港鐵

飛機

電車

渡輪

巴士

小巴

欺凌零容忍

圖中哪些地方出現了欺凌行為？請把它們圈起來（提示：共 4 處）。

總結

欺凌是指一個人或一輩人不斷故意欺負及傷害別人的行為。被人欺凌，我們要嘗試保持冷靜，並要求欺凌者停止不適當的行為，或向信任的人求助。

當遇見欺凌行為，我們應該怎麼辦？判斷以下的處理方法，正確的，請在□內加 ✓；不正確的，請在□內加 ✕。

向欺凌者表達自己
的意見和不滿

向欺凌者報復

向老師或家長求助

孤立自己

我會應對危險

**以下標誌有助我們應對緊急情況，它們的意思是什麼？
請連一連。**

●　　　　　●　　　　　●　　　　　●

●　　　　　●　　　　　●　　　　　●

滅火器　　　防火門　　　緊急　　　緊急求救
存放處　　　　　　　　　出口　　　　電話

**你認識我們使用的緊急求助電話號碼嗎？請看看下面思晴
的介紹，並填寫正確的答案。**

在香港遇到緊急事故，我們可以撥

打 ＿＿＿＿＿報警求助。

要是在中國受傷的話，我們可以撥

打 ＿＿＿＿＿召喚醫療救援服務。

總結 ✏️

日常生活中我們有可能遇上不同的緊急情況，我們可以記下緊急求助電話號碼，了解所在地方的逃生路線，認識正確的處理方法。只要學會應對危險，當發生意外時，我們便能好好處理。

遇到以下緊急情況時，我們該怎樣處理？請選出正確的答案，並在 ☐ 內加 ✓。

我應該：
☐ 跳進水中救人
☐ 高聲呼救，引起救生員注意

我應該：
☐ 帶同手提電話、濕毛巾和住所的鎖匙逃生
☐ 把家中財物帶走

我會看天氣報告

以下天氣警告及信號代表什麼？請把天氣警告及信號的貼紙貼在適當的方格裏。

酷熱天氣警告

寒冷天氣警告

山泥傾瀉警告

紅色火災危險警告

雷暴警告信號

八號烈風或暴風信號

總結

天氣會影響我們的日常生活，天氣報告能讓我們了解即時及未來一段時間裏的天氣情況，幫助我們做好準備。當天文台發出惡劣天氣警告時，我們更要留意電台及電視台公布的最新消息。

你會看天氣報告嗎？請根據圖中的天氣圖示，圈出正確答案。

25℃ 90%
Black 黑

本日錄得的氣溫是攝氏 15 / 25 度，相對濕度百分之 71 / 90，黃 / 紅 / 黑 色暴雨信號現正生效，市民請注意安全。

今天的天氣真惡劣！我 需要 / 不需要 上學，留在家中才安全！

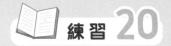

香港的四季

香港的春、夏、秋、冬四季分別在一年裏哪些月份？請觀察相片，把適當的字詞貼紙貼在 ┆ ┆ 內。

三、四、五月

十二、一、二月

六、七、八月

九、十、十一月

總結 ✏️

香港的四季特徵各有不同，潮濕的春季在三月至五月，炎熱多雨的夏天在六月至八月，乾燥的秋季在九月至十一月，而寒冷少雨的冬天在十二月至二月。我們會按照季節，穿著不同的衣服及使用不同的物品。

在香港不同的季節，我們需要使用什麼物品？請沿着迷宮走，幫助人們找出需要的物品。

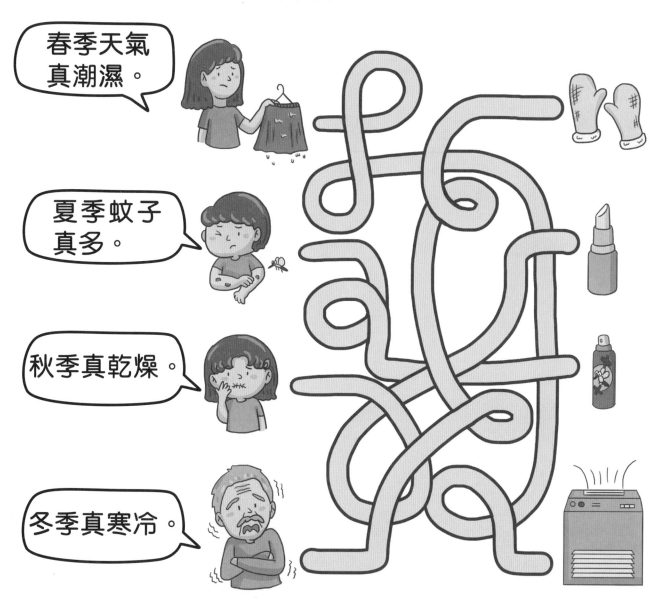

孕育小生命

會生小寶寶的是胎生動物；會生蛋的是卵生動物。以下的動物是怎樣繁殖？請把代表答案的字母填在相應的格子內。

A. 胎生動物　　　　B. 卵生動物

總結

動物有不同的繁殖方法，有的會直接生下小寶寶，叫做「胎生動物」；有的會生蛋，再孵化成小寶寶，叫做「卵生動物」。有些動物在成長中，身體構造會變得很不一樣，例如毛蟲在成長過程中會長出翅膀，變成漂亮的蝴蝶。

蝴蝶在不同生長的時期有着怎樣的外貌？請按蝴蝶的成長經過把以下圖片順序排列。

☐ 成蟲

☐ 蛹

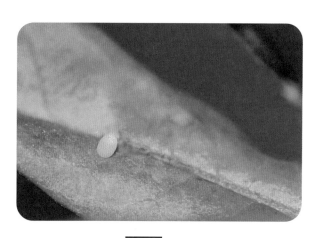

1 卵

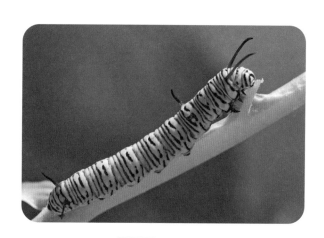

☐ 幼蟲

種子發芽了

植物的生長過程是怎樣的？請把正確的答案圈起來。

種子 / 瓜子

發酵 / 發芽

長出 莖和根 / 絨毛

禾穗 / 幼苗

開花 / 繁殖

結果 / 結石

總結

植物必須有陽光、空氣和水才能生長。栽種植物時，我們可以在泥土裏埋下種子，然後澆水。在陽光照射下，種子會從濕潤的泥土中開始長出根和葉，最後便會開出漂亮的花朵和結出果實。

植物需要哪些元素才能好好生長？請分辨出這些元素，並在☐內加✓。

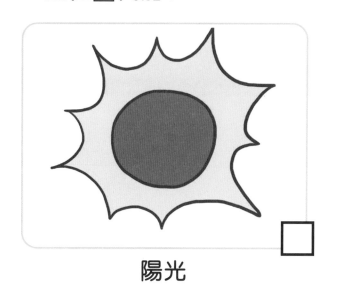

陽光

空氣

食物

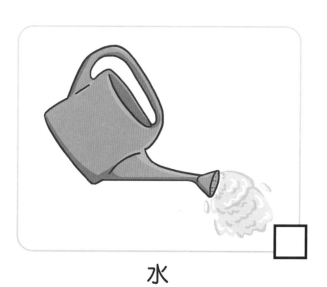

水

香港生態之旅

香港有什麼不同的生境？請把代表答案的字母填在相應的格子內。

A. 紅樹林　　B. 泥灘　　C. 草地

D. 蘆葦叢　　E. 溪間　　F. 沙灘

總結

　　香港有不同的生境，讓不同的動物棲息、尋找食物和繁殖後代。部分在香港棲息的生物非常稀有，例如黑臉琵鷺、中華白海豚等。我們一定要好好愛護環境，保護重要的生境。

以下這些香港棲息的稀有物種的名稱是什麼？請把適當的字詞貼紙貼 ⌐ ¬ 內，並圈出正確的答案。

我是 _____。

每年冬天，我都會飛到香港米埔的 基圍 / 草地 尋找食物過冬。

我是 _____。

我在香港的 海洋 / 溪間 中生活。

1. 以下的食物屬於哪種類別？請把代表答案的字母填在相應的橫線上內。

A.

南瓜

B.

巧克力

C.

烤雞

D.

米飯

E.

蘋果

F.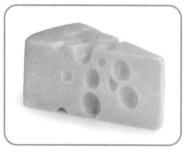

芝士

穀物類

(_____)

水果、蔬菜類

(_____，_____)

奶類、肉類

(_____，_____)

油、鹽、糖類

(_____)

2.以下的貨品可以在哪間商店買到？請連一連。

鞋

膠布

腸仔包

外套

橡皮擦

3. 這些動物屬於胎生還是卵生動物？請把動物貼紙貼在適當的方格裏。

胎生動物	卵生動物

4. 以下優先座的圖案代表了哪些有需要的人？請圈出正確的答案。

孕婦　／　肥胖的人　　　　　　　長者　／　殘疾人士

5. 以下天氣警告及信號代表什麼？請連一連。

雷暴警告　　寒冷天氣　　山泥傾瀉　　黑色暴雨
信號　　　　　警告　　　　警告　　　警告信號

6. 哪些物品能幫助你保持良好的衛生？請圈一圈。

 # 親子實驗室

吃出健康

連結主題：我會均衡飲食

為什麼媽媽總叮囑我要少吃炸雞腿呢？明明雞是肉類，有豐富的蛋白質啊！

💡 想一想

你知道炸雞腿是用什麼方式烹調嗎？你認識什麼烹調方式呢？

蒸

炒

炸

焗

實驗 Start!

學習目標

- ☑ 認識油水分離的現象
- ☑ 比較不同食物和烹調方式的油分，學習選取健康食物

準備材料

食用油

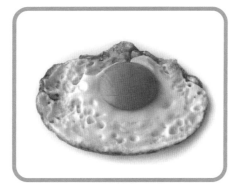

一隻煎蛋

匙

一隻水煮蛋

水杯

實驗 1 觀察油水分離的現象

① 把油倒進水杯，用匙子把油和水攪拌，然後觀察水的顏色。

② 嘗試改變油和水的比例或水的溫度，觀察水和油是否混合起來。

觀察結果：

水和油（能 / 不能）混合起來。

實驗 2 觀察不同烹調方法的油量

① 把水煮蛋及煎蛋分別放進水杯中。

② 觀察哪杯水浮在水面的油分較多。

觀察結果：

（水煮蛋 / 煎蛋）浮在水面的油分較多，因此（水煮 / 煎）的烹調方式較健康。

總結 ✏️

　　從實驗一可以得知，油和水不能混合，而油會浮在水面上，水則在油的下面。還記得我們學過浮沉的現象嗎？從這個實驗，我們便可以知道油的密度較水小，所以能夠浮在水面上。

　　從實驗二可以得知，水煮的食物較煎的食物含較少油，也因此比較健康。其實，食物在被煎炸時會失去水分，同時吸收了外圍的脂肪。一般來說，油炸食品的脂肪及熱量兩者都明顯高於同一款非油炸食物，例如炸雞比蒸雞的脂肪和熱量都會較多。

　　無論是什麼食物，它的烹調方式也會影響它的脂肪及熱量的含量，我們要多注意呢！

答案頁

P.12

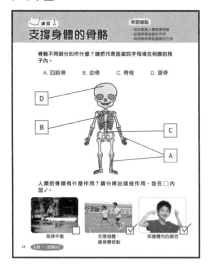

P.13

P.14

P.15

P.16

P.17

P.18

P.19

P.20

P.21

P.22

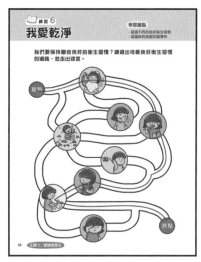

P.23

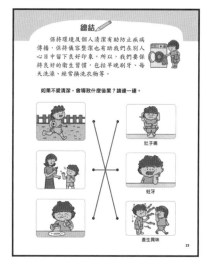

P.24

P.25

P.26

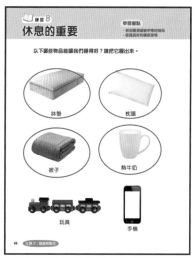

P.27

P.28

P.29

P.30

P.31

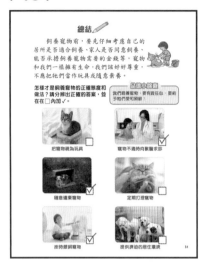

P.32

P.33

P.34

P.35 （答案自由作答）

P.36

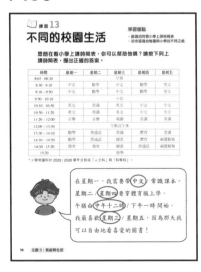

P.37

P.38

P.39

P.40

P.41

P.42

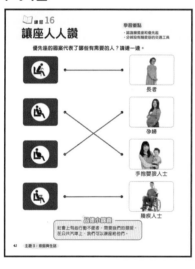

P.43

P.44

P.45

P.46

P.47

P.48

P.49

P.50

P.51

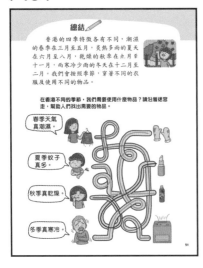

P.52

P.53

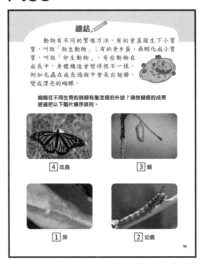

P.54

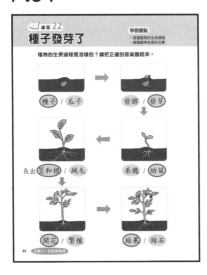

P.55

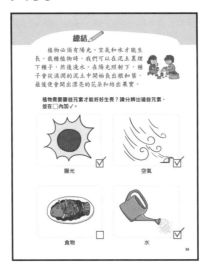

P.56

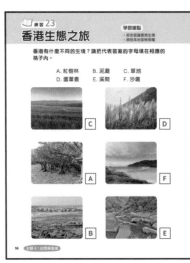

P.57

P.58

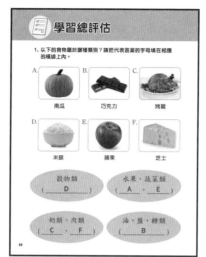

P.59

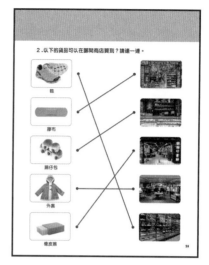

P.60

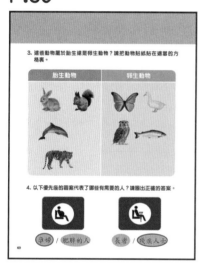

P.61

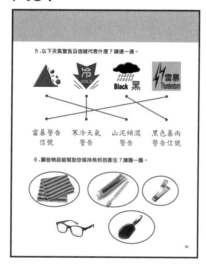

P.64

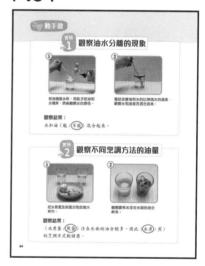

新雅幼稚園常識及綜合科學練習（高班上）

編　　　者：新雅編輯室
繪　　　圖：Pikki Ng
責任編輯：黃僡雅
美術設計：徐嘉裕
出　　　版：新雅文化事業有限公司
　　　　　　香港英皇道 499 號北角工業大廈 18 樓
　　　　　　電話：（852）2138 7998
　　　　　　傳真：（852）2597 4003
　　　　　　網址：http://www.sunya.com.hk
　　　　　　電郵：marketing@sunya.com.hk
發　　　行：香港聯合書刊物流有限公司
　　　　　　香港荃灣德士古道220-248號荃灣工業中心16樓
　　　　　　電話：（852）2150 2100
　　　　　　傳真：（852）2407 3062
　　　　　　電郵：info@suplogistics.com.hk
印　　　刷：中華商務彩色印刷有限公司
　　　　　　香港新界大埔汀麗路36號
版　　　次：二〇二四年六月初版

ISBN: 978-962-08-8381-1
© 2024 Sun Ya Publications (HK）Ltd.
18/F, North Point Industrial Building, 499 King's Road, Hong Kong
Published in Hong Kong SAR, China
Printed in China

鳴謝：
本書部分相片來自Pixabay (http://pixabay.com)。
本書部分相片來自Dreamstime（www.dreamstime.com）許可授權使用。